Nora Schrader

Golden Rice. Ein gentechnisch verändertes Lebensmittel zur Eindämmung eines weit verbreiteten Vitamin A-Mangels?

GRIN Verlag

Bibliografische Information der Deutschen Nationalbibliothek:

Die Deutsche Bibliothek verzeichnet diese Publikation in der Deutschen Nationalbibliografie; detaillierte bibliografische Daten sind im Internet über http://dnb.d-nb.de/ abrufbar.

Impressum:

Druck und Bindung: Books on Demand GmbH, Norderstedt Germany
ISBN: 978-3-656-93203-1

Dieses Buch bei GRIN:

http://www.grin.com/de/e-book/295361/golden-rice-ein-gentechnisch-veraendertes-lebensmittel-zur-eindaemmung

Golden Rice - Ein gentechnisch verändertes Lebensmittel zur Eindämmung eines weit verbreiteten Vitamin A-Mangels?

Eine Hausarbeit über einen mit Beta-Carotin angereicherten Reis und seine Möglichkeiten zur Eindämmung eines vor allem in afrikanischen und asiatischen Ländern verbreiteten Vitamin A-Mangels

Nora Schrader

Inhaltsverzeichnis

1. Einleitung

Die vorliegende Arbeit thematisiert die Möglichkeit, einen weit verbreiteten Vitamin A-Mangel mithilfe einer gentechnisch veränderten Reissorte einzudämmen und diskutiert unter Einbezug verschiedener Ansichten die Chancen und eventuellen Problematiken dieses Vorhabens.

Um mit einem Zitat von Transgen 3 (o.J.) zu beginnen: „Nach Schätzungen der WHO leiden weltweit rund 127 Millionen Kinder im Vorschulalter an Vitamin A-Mangel. Bis zu 500.000 erblinden jedes Jahr, etwa die Hälfte von ihnen stirbt innerhalb eines Jahres nach der Erblindung".

Tatsächlich leiden viele Heranwachsende vor allem in afrikanischen und asiatischen Ländern, in denen Reis Hauptnahrungsmittel ist, unter einem Vitaminmangel. Reis selber enthält kaum Provitamin A und kann den Tagesbedarf eines Menschen somit nicht decken (vgl. ebd.). Beim Lesen dieser Zeilen entsteht die Frage, weshalb man den Mangelerscheinungen der betroffenen Bevölkerung in Zeiten gentechnischer Verfahren nicht entgegen wirken kann. In der Tat findet die grüne Gentechnik in der Landwirtschaft und in der Lebensmittelherstellung Anwendung, wird jedoch kontrovers diskutiert (vgl. Krause et. al. 2011). Hier gibt es den Ansatz, in Pflanzen Gene einer anderen Spezies einzubringen, um beispielsweise agronomische Eigenschaften wie Krankheits- und Stressresistenz zu erzielen, oder andere Charakteristika wie Inhaltsstoffe oder Nährstoffzusammensetzungen zu modifizieren (vgl. BioSicherheit 2011). Letzteres wurde im Hinblick auf eine Verbesserung der eingangs beschriebenen Situation versucht: Reis wurde mit Beta-Carotin, einer Vorstufe von Vitamin A, angereichert und der sogenannte *Golden Rice* entstand (vgl. Frey 2001: 4-7). Diesen möchte ich in der vorliegenden Arbeit genauer betrachten und folgenden Fragestellungen nachgehen:

Sollte der *Golden Rice* einen Beitrag zur Deckung des weit verbreiteten Vitamin A-Mangels leisten? Unter welchen Bedingungen wäre dies denkbar?

Mit den gewählten Leitfragen wird das Thema erschlossen und der inhaltliche Rahmen abgesteckt. Im zweiten Kapitel erläutere ich zunächst das Vorgehen bei der Recherche der für die Arbeit erforderlichen Informationen. Das dritte Kapitel beginnt mit einem systematischen Überblick sowie relevanten Fakten über die nicht gentechnisch veränderte Reispflanze (vgl. Abschnitt 3.1). Anschließend wird die Bedeutsamkeit von Vitamin A aufgezeigt (vgl. Teilkapitel 3.2) und die Entstehung des *Golden Rice* erklärt (vgl. Abschnitt 3.3). Im vierten Kapitel stelle ich zunächst Chancen (vgl. Abschnitt 4.1) und mögliche Problematiken (vgl. Teilkapitel 4.2) der transgenen Reissorte dar, bevor ich versuche, den tatsächlichen Nutzen in einer Diskussion abzuwägen und die Leitfragen der vorliegenden Arbeit zu beantworten (vgl. Kapitel 4.3). Die Arbeit schließt mit Zusammenfassung, Ausblick sowie einer persönlichen Wertung ab (vgl. Kapitel 5).

2. Die Vorgehensweise

Generell gibt es eine große Anzahl an Fachbüchern über die grüne Gentechnik, die in verschiedenen Bibliotheken oder im Fachhandel erhältlich sind. Ebenso sind in einigen Büchern spezifische Themen wie beispielsweise der *Golden Rice* aufgegriffen, wie ich bei meiner Recherche auf der Internetseite *Google Books* festgestellt habe. Auf Literatur, die sich ausschließlich mit dem *Golden Rice* befasst, bin ich jedoch weder im Campuskatalog der Universität Hamburg noch in *Google Books* gestoßen. Parallel zu dieser Informationsbeschaffung habe ich mich an den von meiner Dozentin ausgewählten Quellen orientiert sowie über die *Google*-Suchmaschine Informationen über die transgene Reissorte ausfindig gemacht. Hierbei bin ich auf viele detaillierte und wissenschaftlich ausgerichtete Artikel gestoßen, die die relevanten Informationen für die vorliegende Arbeit enthalten und den Fachbüchern qualitativ nicht unterlegen sind. Im Gegenteil befassen sich die im Internet publizierten Artikel meistens ausführlicher mit dem transgenen Reis als viele Fachbücher, die nur wenige Seite mit dem Thema füllen. Aus diesem Grund bezieht sich die vorliegende Arbeit primär auf im Internet veröffentlichte Artikel.

Bei der Recherche wurde deutlich, dass viele dargestellte Informationen seitens der Verfasser bereits evaluiert wurden. So weist der Artikel *Golden Rice-Golden Lies?* des Verfassers Then (2012) in seinem weiteren Verlauf gemäß seiner Überschrift eine distanzierte Haltung gegenüber dem gentechnisch veränderten Reis auf. Dementsprechend ist es schwierig abzuwägen, ob die Situation tatsächlich so fatal einzustufen ist, oder ob nur der Autor dies entsprechend suggeriert. Da ich in der vorliegenden Hausarbeit diskutieren möchte, ob der *Golden Rice* tatsächlich einen Beitrag zur Eindämmung des Vitamin A-Mangels leisten sollte, habe ich viele aktuelle und verifizierte Quellen gesammelt und in die Ergebnisdarstellung einbezogen. Zunächst habe ich, um möglichst einigen Voreinstellungen zu entgehen, ausschließlich mit dem Begriff *Golden Rice* in der *Google*-Suchmaschine recherchiert. Da Gentechnik generell ein heikel diskutiertes Thema ist, kann ich nicht davon ausgehen, dass *Golden Rice* als ein neutraler Suchbegriff betrachtet werden und entsprechende Ergebnisse hervorbringen kann. Jedoch wollte ich trotzdem zumindest versuchen, einen generellen Überblick über das Thema zu erhalten, bevor ich mich spezifisch mit Pro- und Contra-Argumenten auseinandersetze. Die generellen Informationen habe ich im dritten Kapitel untergebracht, um einen Überblick über die Gründe und die Ansätze der Projektentstehung zu geben. Um die Suche anschließend im Hinblick auf die Leifragen der Arbeit zu spezifizieren, habe ich mich dann gezielt mit den Termini *Golden Rice Chancen* sowie *Golden Rice Problematik* in der *Google*-Suchmaschine über entsprechende Artikel informiert. Diese habe ich in das vierte Kapitel integriert (vgl. Abschnitte 4.1/4.2).

Die aus dem Internet gewonnenen Rechercheergebnisse sollten wie sonstige Quellen auch qualitativ überprüft werden. Das kann hinsichtlich inhaltlicher sowie formaler Kriterien erfolgen. Beispielsweise kann oftmals ein mit Namen oder einer Institution versehender Beitrag Rückschlüsse auf die Objektivität beziehungsweise Subjektivität zulassen, da gerade große Firmen im Bereich der Gentechnik ein bestimmtes Ziel verfolgen, an das der Artikel angelehnt sein könnte. Auch können der Sprachstil, die Referenzen, die Aussagekraft des Inhalts, die Aktualität und die Funktionalität der Internetseite Rückschlüsse auf die Seriosität geben (vgl. Universität Konstanz o.J.).

So habe ich die Internetseiten knapp evaluiert und verschiedene Ansichten zur genveränderten Reissorte kennengelernt. Die Rechercheergebnisse wurden unter einer kritischen Betrachtung abgewogen und hinterfragt, um zu einer möglichen Beantwortung der Leitfragen im Abschnitt 4.3 zu kommen. Um eine angemessene Einschätzung der Fragestellungen zu erreichen, sollten diese ebenfalls in einem größeren Kontext betrachtet werden, der über die vorab zusammengestellten Chancen und Risiken des *Golden Rice* hinausgeht und zusätzliche Informationen bezüglich der aktuellen Entwicklung in Gentechnik, Landwirtschaft und weiterer Maßnahmen zur Verbesserung einer Mangelernährung in den betroffenen Regionen umfasst. Nur so kann dargestellt werden, ob der transgene Reis überhaupt einen Beitrag zur Deckung des Vitaminmangels leisten sollte und welche Bedingungen berücksichtigt werden müssten. So habe ich mit den Begriffen *Eindämmung eines verbreiteten Vitamin A-Mangels, Vorschriften für gentechnische Produkte* sowie *Abhängigkeit von Großbauern, Anlegung von Gärten in Afrika/Asien* und *Versorgungssituation in Afrika/Asien* in der *Google*-Suchmaschine nach weiteren für die Beantwortung der Leifragen relevanten Aspekten gesucht und diese mit einbezogen.

3. Vom klassischen Reis zum *Golden Rice*

3.1 Systematik Reis und wissenswerte Fakten

Reis gehört zur Familie der Süßgräser (*Poaceae*) und ist ein einjähriges Gras, das ungefähr 1,5 Meter hoch werden kann. Die Pflanzen verfügen über mehrere hohle Halme, an denen die Blätter wachsen. Diese enthalten einen geringen Anteil an Provitamin A. Die Blütenstände sind in Rispen angeordnet und bestehen aus ungefähr 30 bis 200 Ährchen. Das Reiskorn entsteht aus der befruchteten Blüte, enthält selber jedoch kein Provitamin A (vgl. Transgen 1/2 o.J., Schülerinitiative 2012).

Neben Mais und Weizen ist Reis eine weltweit häufig angebaute Getreideart, die überwiegend in tropischen beziehungsweise subtropischen Ländern kultiviert ist. Führend im Anbau sind hierbei asiatische Länder wie China mit einer Produktion von 205 Millionen Tonnen von weltweit 730 Millionen Tonnen Ernte jährlich (vgl. Transgen 2 o.J.).

In Ländern, in denen Reis Hauptnahrungsmittel ist, gilt ein Vitamin A-Mangel als weit verbreitet. Wie bereits angesprochen wurde, enthält das Korn, das verzehrt wird, kein Provitamin A. Transgen 3 (o.J.) gibt an, dass nach Aussage der Weltgesundheitsorganisation (WHO) circa 127 Millionen Kinder unter einem Mangel leiden, wobei die afrikanischen und asiatischen Länder am stärksten betroffen sind (vgl. ebd.). Frey (2001: 3) schreibt, dass die WHO den Anteil der an einer Unterversorgung leidenden Kinder auf 100 bis 140 Millionen schätzt.

Weshalb Vitamin A überhaupt für den Menschen notwendig ist, wird im Folgenden erklärt.

3.2 Die Bedeutsamkeit von Vitamin A

Vitamin A, ein fettlösliches Vitamin, ist am Sehvorgang sowie an der Produktion weißer Blutkörperchen und an der Bildung von Antikörpern beteiligt (vgl. Transgen 3 o.J.). In westlichen Industrieländern gibt es so gut wie keine Unterversorgung mit dem Nährstoff. Das ist jedoch in anderen Nationen, insbesondere in Entwicklungsländern, weit verbreitet, wie die folgende Abbildung (1) verdeutlicht:

Abbildung (1): Prozentuale Darstellung des weltweiten Vitamin A-Mangels von Kindern unter sechs Jahren (Transgen 3 o.J.)

Die dunkelblaue Färbung in der Grafik, die vor allem in afrikanischen und asiatischen Ländern zu finden ist, sagt aus, dass in diesen Gebieten über 20 Prozent der unter sechsjährigen Kindern an einem Vitamin A-Mangel leiden. Die hellblaue Markierung bezieht sich auf die gleiche Bevölkerungsgruppe und verdeutlicht, dass 10 bis 20 Prozent Mangelerscheinungen aufweisen. Das betrifft sowohl den afrikanischen und asiatischen als auch den südamerikanischen Raum. Die weißliche Färbung, die in Teilen Südamerikas und Asiens sichtbar wird, weist auf eine Unterversorgung mit Vitamin A hin, die zwei bis 10 Prozent der Kinder betrifft. In den dunkelgrau eingefärbten

Kontinenten wie Nordamerika, Australien und Europa liegen keine Daten für die Feststellung eines Mangels vor.

Die nicht ausreichende Vitaminversorgung führt zum Beispiel zu Augenerkrankungen. Zunächst tritt hier eine Nachtblindheit auf. Bei einem längeren Andauern des Mangels bilden sich weißliche Flecken im vorderen Augenabschnitt. Bis zu diesem Prozess kann eine ausreichende Vitamin A-Zufuhr weitere Schäden verhindern. Ist dies nicht der Fall, kommt es zu einer Zersetzung des Augenbereichs und somit zu einer gänzlichen Erblindung (vgl. Universität Hohenheim o.J.), die ungefähr 500.000 Kinder jedes Jahr betrifft, von denen die Hälfte danach innerhalb von 12 Monaten stirbt. Nach Aussage der Food and Agriculture Organization verenden weltweit jährlich insgesamt ein bis zwei Millionen Kinder an den Folgen der Unterversorgung (vgl. Frey 2001: 3).

Ebenfalls ist ein Vitaminmangel verantwortlich für ein geschwächtes Immunsystem, aufgrund dessen viele Menschen an schweren Erkrankungen wie Malaria leiden, das ebenfalls tödlich enden kann (vgl. Universität Hohenheim o.J.).

Vitamin A ist in Lebensmitteln wie Milchprodukten, Fisch und Fleisch als Fettsäureester vorhanden. Ebenfalls kann der Verzehr von Obst oder Gemüse wie zum Beispiel Karotten zwei Drittel des täglichen Bedarfs decken. Diese Nahrungsmittel enthalten eine Vorstufe des Vitamins, das oben bereits aufgeführte Provitamin A, auch als Beta-Carotin bekannt, das im Körper zu Vitamin A umgewandelt wird. Nach der Aufnahme wird dieser Nährstoff vor der Resorption im Darm gespalten und gelangt über die Lymphe und das Blut von den Darmzellen in die Leber. Dort erfolgen eine Speicherung und eine Freisetzung beim Absinken des Blutspiegels in Form von Vitamin A (vgl. Universität Hohenheim o.J.)

Generell sollten Kinder 0,6 bis 0,8 mg Vitamin A täglich zu sich nehmen; Erwachsene 0,8 bis 1 mg. Um zu berechnen, wie viel Provitamin A ein Mensch aufnehmen sollte, müssen „die Carotinoide mit einem Umrechnungsfaktor versehen (...), der die Aufnahme und die Umwandlung in Vitamin A berücksichtigt (...) Dazu wurden verschiedene Systeme und Einheiten entwickelt“ (Frey 2001: 3f.).

Alternativ ist eine Einnahme von Vitamin A-Tabletten denkbar, um den Tagesbedarf zu decken. Eine Überdosierung ist jedoch insbesondere in der frühen Schwangerschaft zu vermeiden, da dieser Wirkstoff ebenfalls Auswirkungen auf die

Genexpression hat. Die im Kern gebildete Retinsäure wirkt auf das Wachstum und die Zelldifferenzierung, das bei einer weit über dem Bedarf liegenden Einnahmemenge zu Missbildungen des Embryos führen kann (vgl. Universität Hohenheim o.J.).

Generell sollte jedoch weltweit eine ausreichende Vitamin A-Versorgung gewährleistet sein, um den schwerwiegenden Folgen entgegen zu wirken. Es wurde ein „Milleniumsziel“ formuliert, „nach dem die Anzahl der Menschen, die von Mangelernährung betroffen sind, bis zum Jahr 2015 halbiert werden soll“ (Then 2012: 5). Um dieses Vorhaben umzusetzen, wurde unter anderem der Versuch gestartet, das Hauptnahrungsmittel Reis in denen vom Mangel am stärksten betroffenen Ländern mit Provitamin A anzureichern. Das wird im nächsten Teilkapitel erläutert.

3.3 Die Entstehung des *Golden Rice*

Wie in der Einleitung angesprochen, ist ein Wirkungsbereich der grünen Gentechnik die Modifizierung von Wirkstoffzusammensetzungen in Pflanzen. Diesem Ansatz ist der *Golden Rice* zuzuordnen, der im Gegensatz zum nicht gentechnisch veränderten Reis Beta-Carotin in seinen Körnern enthält und aufgrund dessen eine gelbliche Farbe aufweist, wie die folgende Abbildung (2) verdeutlicht:

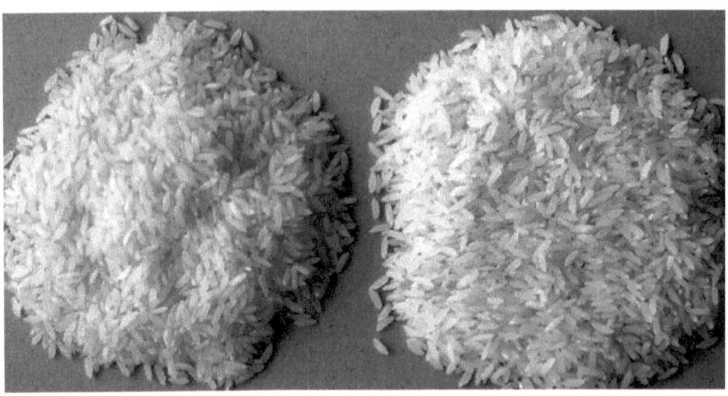

Abbildung (2): Farbliche Darstellung des *Golden Rice* sowie des gentechnisch freien Reis (Deutschlandfunk o.J.)

Das gesamte Projekt wurde seit 1990 von Beginn an in Kooperation mit internationalen Forschern und Unternehmen durchgeführt, die keine Lizenzgebühren verlangten. Zunächst mussten umfangreiche Forschungen über Stoffwechselwege erfolgen, die zur Synthese von Beta-Carotin führen. Dieses ist im folgenden Zitat komprimiert beschrieben:

> In einer Voruntersuchung stellte die Gruppe fest, dass die vier letzten Enzyme des ß-Carotin Synthesewegs (...) im Endosperm des Reises fehlten (...) Die Arbeitsgruppe entschied sich, die Transformation mit dem Gen für das erste der fehlenden Enzyme, der Phytoen Synthese, zu beginnen. Zusammen mit den drei weiteren Genen des Carotensynthese-Stoffwechsels war dieses Gen von *Peter Beyer* an der Universität Freiburg aus der Osterglocke (*Narcissus pseudonarcissus*) isoliert worden. Schon diese ersten transgenen Reispflanzen erfüllten die Hoffnung der Forscher, denn im Endosperm synthetisierten sie eine Vorstufe des ß-Carotins, das Phytoen. Dies war ein grosser Erfolg, denn mit diesen Pflanzen liess sich zeigen, dass es möglich ist, einen vorhandenen Syntheseweg umzuleiten, ohne dadurch andere, lebenswichtige Funktionen der Pflanze zu beeinflussen. In einem nächsten Schritt sollten die weiteren drei Gene einzeln transformiert werden, um die transgenen Pflanzen anschliessend miteinander zu kreuzen und so den gesamten Syntheseweg in einer Reispflanze zu vereinen. Doch der Versuch, eine transgene Pflanze zu regenerieren, die ein weiteres Enzym des ß-Carotin Synthesewegs, eine Phytoen Desaturase, exprimiert, blieb mehr als ein Jahr erfolglos (Frey 2001: 5).

Zunächst waren an diesen Forschungen unter anderem die Professoren Potrykus und Beyer beteiligt. 1998 brachte ebenfalls der Wissenschaftler Ye innovative Ideen mit in das Forschungsvorhaben ein. Bislang wurden artfremde Gene durch eine „ballistische Transformationsmethode" in die Reispflanze eingebracht: „Mit der <<Genkanone>> lässt sich die an Goldstaub gebundene DNA direkt in die Pflanzenzellen hineinschiessen, ohne dass man ihre Zellwand entfernen muss" (ebd.: 4). Ye sprach sich jedoch für die Verwendung von Agrobakterien für die Transformation aus. Dazu eignet sich das „Bodenbakterium *Agrobacterium tumefaciens*" (ebd.). Letzteres verfügt über ein Ti-Plasmid, das entsprechende Gene „zur Mobilisierung und Übertragung eines DNA-Fragments" (ebd.: 5) enthält. Die Ti-Plasmide sowie die t-DNA werden nun entsprechend modifiziert, so dass nur noch die angestrebten Gene und nicht mehr die des Bakteriums übertragen werden, wie die folgende Abbildung (3) verdeutlicht:

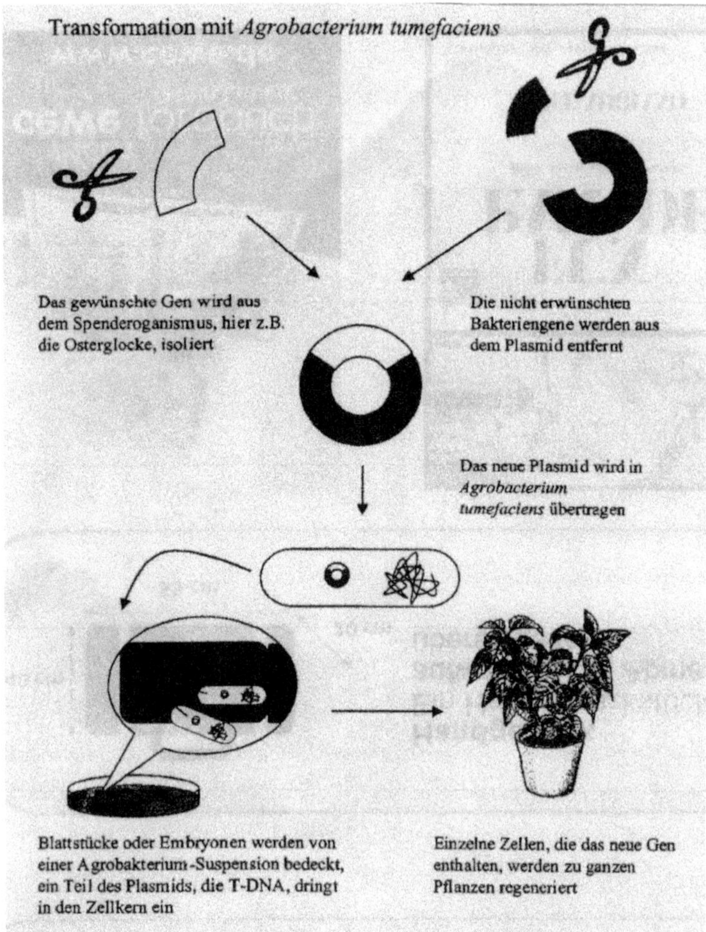

Abbildung (3): „*Transformation mit Agrobacterium tumefaciens*" (Frey 2001: 6)

So konnten im Zuge der Transformation alle erforderlichen Gene in die Reispflanze übertragen werden. 500 transgene Reislinien entstanden, von denen 60 hinsichtlich des Beta-Carotingehalts überprüft wurden. 12 produzierten den gewünschten Nährstoff (ebd.: 6) und der *Golden Rice 1* war geboren, der wie Abbildung (2) darstellt, seine typische gelbe Farbe aufweist. Untersuchungen der Universität Hohenheim (o.J.) ergaben jedoch, dass dieser Reis Beta-Carotin in einer sehr geringen Menge enthielt, die nicht zur Deckung des täglichen menschlichen Bedarfs ausreicht (Then 2012: 7). Daher erfolgte ein neuer Ansatz: Das Gen aus der Osterglocke wurde durch eines aus Mais ausgetauscht und eine gentechnisch veränderte Reissorte, *Golden Rice 2,* entstand (vgl. Transgen 3 o.J.).

Ab 2004 wurden hiermit Feldversuche in den USA und in einigen asiatischen Ländern durchgeführt. Die Ergebnisse einiger Studien sind Bestandteil des vierten Kapitels.

4. Golden Rice und die mögliche Deckung des Vitamin A-Bedarfs

Nachdem im zweiten Kapitel die Vorgehensweise bei der Recherche erläutert wurde und Kapitel drei generelle Informationen über den Entwicklungsansatz des *Golden Rice* aufzeigte, beziehe ich mich im Folgenden konkret auf die Leitfragen der vorliegenden Arbeit. Nach Darstellung der Chancen und möglichen Problematiken der gentechnisch veränderten Reissorte wäge ich das mögliche Nutzen in einer anschließenden Diskussion ab.

4.1 Mögliche Chancen des Golden Rice

Golden Rice Humanitarian Board (2006) betont, dass Reis für viele Menschen im asiatischen und afrikanischen Raum ein Grundnahrungsmittel ist. Da sich die Bevölkerung in diesen Ländern teilweise aus finanziellen Gründen keine Lebensmittel wie Fleisch, Fisch, Obst und Gemüse leisten kann, die Pro- beziehungsweise Vitamin A enthalten, würde die Anreicherung des Reises mit diesem Nährstoff eine nachhaltige Lösung darstellen. Die Betroffenen müssten nicht versuchen, ihre Ernährungsgewohnheiten umzustellen, was mit erheblichen finanziellen Problemen verbunden wäre und würden nicht mehr unter einem folgenreichen Vitaminmangel leiden (vgl. ebd.). Laut Transgen 3 (o.J.) hat *Golden Rice* hat das Potential, dem Vitamin A-Mangel entgegen zu wirken. So deckt der Reis rund 60 Prozent des Tagesbedarfs, weshalb die Mangelerscheinungen eingedämmt werden und ebenfalls andere Maßnahmen als Ergänzung zum Einsatz kommen könnten. Positiv nach Transgen 3 (o.J.) ist, dass Kleinbauern in Entwicklungsländern das Saatgut kostenlos erhalten sollen, da es laut Frey (2001: 7) speziell für die Dritte Welt hergestellt wurde. Die Betroffenen dürfen den Reis somit selbst konsumieren, verkaufen und anbauen (vgl. Golden Rice Humanitarian Board 2006). Frey (2001: 7) führt den Aspekt der Unabhängigkeit der Kleinbauern ebenfalls auf und weist generell darauf hin, dass der

Golden Rice den „Anforderungen, die heute an eine <<ideale>> transgene Pflanze gestellt werden“, erfüllt. So verweist sie neben den bereits aufgeführten Argumenten auf den Vorteil, dass die Reissorte „keine speziellen Pflanzenschutzmittel oder Dünger“ benötigt und bis heute keine negativen Folgen für die Umwelt in Betracht gezogen werden müssen (ebd.).

Während wenige Quellen im Internet wie Golden Rice Humanitarian Board (2006) oder Transgen (o.J.) sowie Frey (2001) die möglichen Vorteile eines kommerziellen Anbaus des gentechnisch veränderten Reis aufführen und sich Organisationen wie die WHO, die Food and Agricultural Organization sowie die Consultive Group on International Agriculture für die Förderung des Projektes aussprechen (vgl. Frey 2001: 7), heben viele Dokumente mögliche Problematiken hervor und stellen die Chancen in den Hintergrund. Letztere sind Bestandteile des folgenden Abschnittes.

4.2 Mögliche Problematiken des Golden Rice

Then (2012: 4) argumentiert im Gegensatz zu Transgen 3 (o.J.), dass es nicht bewiesen ist, dass sich der *Golden Rice* überhaupt zu einer Bekämpfung eines weit verbreiteten Vitamin A-Mangels eignet. Eine Studie von Tang et. al. (2009) führt nach Then (2012) zu dem Ergebnis, dass 50 Gramm des ungekochten Reises ungefähr 60 Prozent des Tagesbedarfs decken könnte, doch „eine Voraussetzung dafür ist, dass dieser Reis einen Carotinoid-Gehalt von mindestens 20-30 µg/g aufweist - ein Wert, der bei dem im Test verwendeten Reis nicht erreicht wurde“ (ebd.: 12). Ähnliches schreibt auch das Umweltinstitut München e.V. (2004). Ein Erwachsener müsse mehrere Kilogramm des transgenen Reises essen, um seinen Tagesbedarf zu decken. Somit wäre eine Erhöhung des Nährstoffes in der Pflanze angebracht, um eine gezielte Wirksamkeit sicher zu stellen. Darüber hinaus ist die Verfügbarkeit des Beta-Carotins aus der Reispflanze für den menschlichen Körper und die Auswirkungen auf die menschliche Gesundheit ungewiss; dies bedarf weiterer Tests. Unklar bleibt, da Vitamin A ein fettlösliches Vitamin ist, ob weitere Öle oder Fette mit dem Reis verzehrt werden müssen, damit die Carotinoide im Darm aufgenommen werden können (vgl. Then 2012: 9, vgl. Zimmermann 2014: 2ff.). Potrykus (2001 in: Berndorff, Jerger) vermutet, dass der bereits bestehende Fettgehalt des Reises ausreicht, „um den Provitamin-A-Gehalt umzuwandeln.“ Bislang fehlen hierzu jedoch Studien.

Viele relevante Aspekte über die gentechnisch veränderte Reissorte sind nach Aussagen von Then (2012), Zimmermann (2014) und einer Schweizerischen Arbeitsgruppe (2014) bisher nicht publiziert worden. Then (2012) weist darauf hin, dass beispielsweise Informationen über einen möglichen Carotinoid-Verlust bei Lagerung und Zubereitung fehlen. Bisher ist lediglich bekannt, dass die Carotinoide wohl einen Kochvorgang ohne drastische Verluste überstehen. Jedoch ist ungewiss, wie hoch die Abbauraten tatsächlich bei den einzelnen Zubereitungsarten sind. Generell erfolgt nach der Ernte eine monatelange Lagerung des Reises, bis er verzehrt wird. Wie sich der Carotinoid-Gehalt hier unter Berücksichtigung der abiotischen Faktoren Temperatur, Lichtverhältnisse und Luftfeuchtigkeit verhält, ist unklar. Diese Kenntnisse wären jedoch entscheidend, um den tatsächlichen Nutzen des *Golden Rice* beurteilen zu können. So heißt es: „Der „Golden Rice" ist nur dann zur Bekämpfung des Vitamin A-Mangels geeignet, wenn man ihn lagern und kochen kann, ohne dass es zu einem drastischen Abbau der Carotinoide kommt" (ebd.: 9).

Ebenso ist nach Angaben von Then (2012: 10f.) und der Schweizerischen Arbeitsgruppe (2014: 3) ungewiss, wie die Pflanze auf sich wechselnde Umweltbedingungen reagiert. Die in den Pflanzen eingeschleusten Gene sind nicht einer natürlichen Genregulation unterworfen, die beispielsweise das Wachstum, die Fortpflanzung sowie die Anpassung an sich wechselnde Umweltbedingungen steuert. Somit ist es fraglich, ob sich der *Golden Rice* an wechselnde Umweltbedingungen anpassen kann und wie sich der Nährstoffgehalt hierbei verhält.

Auch sind die physiologischen Vorgänge im *Golden Rice* nicht hinreichend kontrollierbar. Die neu eingeführten Gene sind nicht nur im Reiskorn, sondern in der gesamten Pflanze aktiv. Letztere weist somit eine unbeabsichtigte Veränderung der Zusammensetzung der Carotinoide in den Halmen auf. Welche Auswirkungen das auf die Pflanze hat, ist unklar. Des Weiteren sollte der *Golden Rice* eigentlich gar nicht die typische gelbe Farbe aufweisen. So war die Bildung von roten Carotinoiden geplant, doch unerwartet haben pflanzeneigene Gene für die Umwandlung in die gelbe Farbe gesorgt. Dies wurde durch Wechselwirkungen der eingebauten Gene und dem Genom der Ausgangspflanze unbeabsichtigt erzeugt. Die genauen Mechanismen hierbei sind unbekannt (vgl. Then 2012: 13ff.).

Darüber hinaus kann es bei der gezielten Einkreuzung des *Golden Rice* in regionale Sorten zu einem schwankenden Beta-Carotingehalt kommen. In der Tat vererbt sich der erhöhte Gehalt nicht zuverlässig an die nächste Generation weiter, weshalb die effektive Vitaminversorgung möglicherweise gefährdet sein könnte (vgl. Then 2012: 7).

Es gibt ebenfalls traditionelle Reissorten, die eine ähnliche Farbe wie der *Golden Rice* aufweisen. So könnte es zu Verwechslungen und Betrügereien kommen; der traditionelle Reis könnte als gentechnisch verändertet verkauft und dem Vitamin A-Mangel so nicht entgegen gewirkt werden (vgl. Then 2012: 7).

Die Initiatoren wie Potrykus (2001 in: Berndorff, Jerger) argumentieren, dass Reis eine überwiegend selbstbefruchtende Pflanze ist und es bei einem kommerziellen Anbau des *Golden Rice* somit kaum zu Auskreuzungen in benachbarte Felder mit gentechnisch unveränderten Reis käme. Zimmermann (2014: 2) und Then (2012: 17) sehen hierbei Risiken. Then (ebd.) verweist auf Studien, denen zu Folge eine Kreuzung nicht auszuschließen ist, da sich der transgene Reis per Pollenflug mit dem Wildreis vermischen kann. Es wird befürchtet, dass so eine Vermischung nicht wieder revidiert werden kann und somit das für einen großen Teil der Weltbevölkerung bestehende Grundnahrungsmittel gentechnisch verändert wäre.

Die folgende Diskussion greift einige Chancen und Problematiken wieder auf und wägt diese unter Einbezug weiterer Informationen ab.

4.3 Die Diskussion über den Golden Rice

Es wird deutlich, dass einige Organisationen wie Transgen (o.J.) und Golden Rice Humanitarian Board (2006) eine äußerst positive und gewinnbringenden Entwicklung im *Golden Rice*-Projekt sehen. Frey (2001) erwähnt zwar einige Chancen, die das Konzept mit sich bringt, verweist jedoch eher wie Then (2012) und Zimmermann (2014) auf die möglichen bestehenden Risiken.

Da es keine rein objektiven und zudem kaum veröffentlichte Studienergebnisse über die transgene Reissorte gibt, ist es nicht einfach, den tatsächlichen Nutzen des Projektes einzustufen. Hier möchte ich einige der genannten Argumente der möglichen bestehenden Chancen und Problematiken aufgreifen und diese unter Einbezug weiterer Quellen diskutieren.

Wie Frey (2001: 7) aufführt, ist die Idee, das Saatgut lizenz- und kostenfrei an Bauern in betroffenen Regionen zu verteilen sinnvoll, da so keine finanzielle Abhängigkeit von Großunternehmen entstünde. Tatsächlich ist dies ein relevanter Aspekt, da viele Bauern beispielsweise in asiatischen Ländern aufgrund der zunehmenden Abhängigkeit von Großgrundbesitzern beziehungsweise Saatgutlieferanten in eine Schuldenfalle geraten. Teilweise sind sie nicht mehr in der Lage, ihre Felder zu bewirtschaften oder die Familie zu ernähren. So schreibt Schmitt (2006): „Alle acht Stunden bringt sich in einer indischen Agrar-Provinz ein Bauer um (...) Indiens Landwirte leben in unfassbarem Elend - als letztes Mittel des Protests wählen sie den Selbstmord". Die Entwicklung eines mit Provitamin A angereicherten Getreides für die Dritte Welt würde diesen Suiziden somit wahrscheinlich entgegen wirken können.

Es ist auffällig, dass es kaum publizierte Studien über den *Golden Rice* gibt. So sind neben vielen anderen Daten (vgl. Abschnitt 4.2) die Auswirkungen des gentechnisch veränderten Reises auf die menschliche Gesundheit bislang nicht hinreichend geklärt. Wie die Schweizerische Arbeitsgruppe (2014: 2f.) schreibt, müssen transgene Pflanzen „als technisch hergestellte Produkte spezifischen Sicherheitsprüfungen unterzogen werden." Zum Beispiel müssen Informationen zum „Ort (...) der Insertion der zusätzlichen DNA, die mögliche Bildung ungewollter Inhaltsstoffe und ein Vergleich der allgemeinen ackerbaulichen Eigenschaften des Gentechnik-Reises im Unterschied zu konventionellen Sorten" vorliegen. Diese Angaben sind relevant, um zum Beispiel die Auswirkungen auf die menschliche Gesundheit sowie die Umwelt einschätzen zu können (ebd.). Da alle Produkte diesen Sicherheitsstandards unterliegen, erscheinen die Forderungen von Frey (2001) und Then (2012) nach Studien über bisher fehlende Daten (zum Beispiel über die biologische Verfügbarkeit) und eine Transparenz, bevor es zu einem kommerziellen Anbau kommt, gerechtfertigt.

Sind alle Daten hinreichend geprüft und der *Golden Rice* wäre tatsächlich in der Lage, die Vitamin A-Unterversorgung einzudämmen, könnte diese Anreicherung des Hauptnahrungsmittels mit Beta-Carotin ein sinnvoller Ansatz zur Bekämpfung der Mangelernährung sein. Doch wirft Then (2012) die Frage auf, ob allen Kindern eine entsprechende Menge an Reis zur Verfügung steht, um den Tagesbedarf ansatzweise zu decken. In der Tat gibt es viele publizierte Artikel über die Versorgungssituation in

Afrika und Asien. So schreibt Tillich (2012) in einem Bericht über die Situation der Grundversorgung in Afrika: „Alle fünf Sekunden verhungert ein Kind." Ähnliches wird über Asien berichtet. Nach Aussage des World Food Programmes (2014) leiden 586 Millionen Menschen in Asien an Hunger. Demzufolge ist wahrscheinlich nicht gewährleistet, dass jeder täglich Zugang zu dem Grundnahrungsmittel hat und der *Golden Rice* hier an seine Grenzen stößt.

Daher gibt es die Überlegung, die Versorgung von Betroffenen mit Vitamin A-Tabletten auszuweiten, da diese exakter ist und zudem keinen Schwankungen im Nährstoffgehalt unterliegt (vgl. Then 2012, Zimmermann 2014). Offen bleibt jedoch, wer langfristig gesehen die Vitamintabletten finanziert; so argumentiert Zimmermann (2013), dass dies zwar kostengünstiger als das *Golden* Rice-Projekt sei, jedoch sieht Maurin (2014) hingegen die Versorgung mit Reis als günstiger an.

Alternativ wird zur Bekämpfung des Mangels an einen Anbau mit regionalem Gemüse appelliert, da eine ausgewogene Ernährung einer Vitamin A-Unterversorgung generell entgegen wirken kann (vgl. Zimmermann 2013, Frey 2001: 8f, Schweizerische Arbeitsgruppe 2014). Es gibt bislang mehrere Projekte in Afrika, die sich mit der Anlegung von Obst- und Gemüsegärten sowie der Sicherung der Wasserversorgung der Lebensmittel befassen (vgl. Slow Food o.J.). Darüber hinaus verfügen einige afrikanische Länder wie Kenia und Äthiopien über äußerst fruchtbare Böden, die einen hohen Ernteertrag erwarten lassen. In Kenia gibt es zudem ein gut ausgebautes Straßensystem für Transporte und die Privatwirtschaft „sorgt (…) dafür, dass das ganze Land genügend Agrarprodukte zur Verfügung habe." Doch ist dies nicht in ganz Afrika gegeben. In Äthiopien gibt es beispielsweise folgende Problematik:

> Die Bauern dort haben keine Rechtssicherheit. Das Land gehört dem Staat, und die Nutzungsrechte, die vergeben werden, können den Farmern jederzeit entzogen werden (…) Auch der Zugang zu Saatgut wird durch die zentralistischen Strukturen des Ein-Parteien-Staats kontrolliert (…) Gleichzeitig habe der Staat riesige Flächen an ausländische Investoren (…) verpachtet, die dort Lebensmittel für den Export anbauen wollen (Neumann 2011).

Auch in Indien gibt es Problematiken im Agrarsektor. So produziert das Land genügend Getreide, mit dem es die Bevölkerung ernähren könnte, jedoch wird ein Großteil exportiert und die Regierung nutzt viele Flächen für „Industrie- und Infrastrukturprojekte" (Sharma 2014).

Diese Entwicklungen zeigen, dass zunächst die Situation im Agrarbereich klarer definiert werden sollte. Kommt es langfristig gesehen zu einer Ausweitung des Exports sowie der anderweitigen Nutzung landwirtschaftlicher Flächen, ist fraglich, ob der Anbau von Obst oder Gemüse oder *Golden Rice* ermöglicht werden könnte und der Bevölkerung zu Gute käme. Doch wenn in jedem Dorf eine ausreichende Fläche für den Anbau von Nahrungsmitteln zur Verfügung stünde, könnten die Bewohner an die entsprechende Bewirtschaftung herangeführt werden. In der Tat könnte die afrikanische Bevölkerung einigen Artikeln zu Folge in der Lage sein, sich selbst zu versorgen und einer Mangelernährung entgegen zu wirken (vgl. Neumann 2011). Ebenso wäre die Anlegung von Gärten eine nachhaltige Lösung, weil die Bauern schließlich selbst ihr Land aus eigener Kraft bewirtschaften könnten, was Neumann (ebd.) für realistisch hält. In diese Agrarprojekte könnte auch der *Golden Rice* einbezogen werden, der als Ergänzung zu weiteren Produkten denkbar wäre, da dieser nun mal nicht vollständig den menschlichen Tagesbedarf an Vitamin A deckt und zudem eine abwechslungsreiche Ernährung als gesund gilt (vgl. Kapitel 4.1/4.2). Doch ohne die erforderliche Einhaltung der Standards für gentechnische Lebensmittel erscheinen die Bedenken von vielen Projektgegnern berechtigt zu sein beziehungsweise können sie nicht zurückgewiesen werden.

Abschließend noch einige Worte zur aktuellen Entwicklung der gentechnisch veränderten Reissorte. Seit 2013 liegen den philippinischen Behörden alle Daten für eine mögliche Zulassung vor. Deshalb wird erwartet, dass der *Golden Rice* ab 2016 kommerziell angebaut werden könnte. Ebenfalls wird seit 2005 überlegt, den Reis zusätzlich mit weiteren wichtigen Mikronährstoffen wie Eisen anzureichern und ebenfalls Bakterien- und Virusresistenzen zu erzielen (vgl. Transgen 3 o.J.).

Des Weiteren könnte hierbei die Frage aufkommen, ob der Provitamin A-Gehalt auch in Folge herkömmlicher Züchtung erhöht werden könnte. Darauf verweise ich ausführlicher in meiner eigenen Stellungnahme im fünften Kapitel.

5. Zusammenfassung und Ausblick

Die theoretische Einführung in die Entwicklung der transgenen Reisart verdeutlichte, dass diese zur Eindämmung des Vitamin A-Mangels vor allem im afrikanischen und asiatischen Raum angedacht ist (vgl. Kapitel 3). Im Abschnitt 3.1 wurde darauf hingewiesen, dass Reis selber kaum Vitamin A enthält und das Kapitel 3.2 betonte die Notwenigkeit einer ausreichenden Nährstoffversorgung. Ansonsten könnten Erblindungen und Todesfälle resultieren. Das Teilkapitel 3.3 stellte die über Jahre andauernde Entstehung des *Golden Rice* dar, der mittels des Einschleusens von Genen in die nicht transgene Reispflanze entwickelt wurde. Im vierten Kapitel zeige ich zunächst die Chancen des *Golden Rice*-Projektes auf. So wird diese Pflanze von einigen Wissenschaftlern als ein Musterprojekt der grünen Gentechnik angesehen, da sie für die Dritte Welt entwickelt wurde, die Bauern das Saatgut kostenlos erhalten und ohne Lizenzen wirtschaften können sollen. Auch ist das Potential gegeben, dem weltweiten Nährstoffmangel entgegen zu wirken (vgl. Abschnitt 4.1). Nicht außer Acht zu lassen sind jedoch eventuelle Problematiken, die einige Autoren aufführen. So fehlen viele Daten über den *Golden Rice*. Unklar bleibt laut der Verfasser beispielsweise, welche Auswirkungen der Reis auf die menschliche Gesundheit hat und wie sich die Reispflanze bei wechselnden Umweltbedingungen verhält (vgl. Teilkapitel 4.2). Die Diskussion (vgl. Abschnitt 4.3) führt zu dem Resultat, dass die in einigen Ländern bestehenden Problematiken im Agrarbereich zunächst gelöst und für jedes Dorf Anbauflächen für Nahrungsmittel gesichert werden sollten. Dann könnte der *Golden Rice* als Ergänzung zu weiteren Anbauprodukten ein sinnvoller Ansatz zur Eindämmung des Vitaminmangels sein. Jedoch kann die vorliegende Arbeit das tatsächliche Nutzen des gentechnisch veränderten Reises nicht beantworten, da entsprechende Daten zu vielen relevanten Aspekten fehlen, mit denen die Möglichkeiten und Risiken adäquat abgeschätzt werden könnten. Aufgrund dessen bin ich mir der Begrenztheit der Reichweite der Ergebnisse bewusst.

Da das Projekt ursprünglich zur Verbesserung der menschlichen Gesundheit initiiert wurde, wäre es verantwortungslos, einen kommerziellen Anbau ohne die Überprüfung möglicher Risiken durchzuführen. Ebenso muss man sich bewusst werden, dass der Anbau des transgenen Reises nicht ausschließlich die unter einem Nährstoffmangel leidenden Menschen im asiatischen und afrikanischen Raum betrifft, sondern Auswirkungen auf die gesamte Menschheit haben könnte. Käme es zu einer

Vermischung des *Golden Rice* mit herkömmlichen Reissorten, würden diese Produkte unter Umständen ebenso in deutschen Supermärkten erhältlich sein. Von daher ist es mehr als erforderlich, den Konsum und die möglichen Folgen des Reises auf die menschliche Gesundheit hinreichend zu überprüfen. Ebenfalls scheint die Sicherstellung von Flächen für die Anlegung von Gärten mit regionalem Gemüses sinnvoll und eine abwechslungsreiche Ernährung der richtige Ansatz zu sein. Darüber hinaus gibt es weitere Projekte, andere Pflanzen in Folge konventioneller Züchtung mit Beta-Carotin anzureichern. Das wird unter anderem mit Cassava, Kartoffeln oder orangenem Mais versucht. Ein Pilotprojekt mit orangenem Mais wurde 2012 in Sambia initiiert. Daten zur weiteren Entwicklung liegen bis jetzt nicht vor (vgl. Hoering 2014). Alternativ können auch Lebensmittel wie Mehl und Zucker mit Provitamin A angereichert werden (vgl. Then 2012: 6-10). Haben die durch konventionelle Züchtung mit Beta-Carotin angereicherten Lebensmittel Erfolg und eignen sich für den Anbau im afrikanischen und asiatischen Raum, würde ich jedoch die Weiterentwicklung des *Golden Rice*-Projektes nicht unbedingt als notwendig erachten. Konventionelle Züchtung erscheint besser einschätzbar und die noch ausstehenden kostspieligen Studien über den *Golden Rice* könnten vermieden und die finanziellen Ressourcen in den sofortigen Anbau des durch Züchtung angereicherten Gemüses mit Beta-Carotin investiert werden. So könnte eine gesunde Alternative zum *Golden Rice* geschaffen, dessen Folgen für die menschliche Gesundheit bislang unbekannt sind und den Menschen in den betroffenen Regionen schneller geholfen werden.

Um ein fundiertes Resultat zu formulieren, würde es sich anbieten, sich mit den Initiatoren sowie weiteren Projektbeobachtern auseinanderzusetzen und gegebenenfalls Studien zu den bislang fehlenden Daten durchzuführen. Somit könnten die hier verfolgten Leifragen noch weitaus exakter beantwortet werden.

6. Bibliografie

Berndorff, Jan; Jerger, Ilona (2001): “Goldener Gen-Reis für die Armen“ [http://www.konradin.de/sixcms/detail.php?id=108812&template=nk_global_drucken _meldung_detail, Stand: 26.09.2014, 10:45]

BioSicherheit (2011): “Debatte: Zukunft der Sicherheitsforschung. ‘Die möglichen Folgen und Implikationen neuer Technologien sollten interdisziplinär bearbeitet werden‘“ [http://www.biosicherheit.de/debatte/1258.daniel-barben-biooekonomie-gentechnik- science-and-technology-studies.html, Stand: 26.09.2014, 10:51]

Deutschlandfunk (o.J.): “Zwischen Fluch und Segen der Gentechnik“ [http://www.deutschlandfunk.de/zwischen-fluch-und-segen-der-gentechnik.697.de.html?dram:article_id=243314, Stand: 22.07.2014, 14:02]

Frey, Petra (2001): “Golden Rice. Entwicklung und Bedeutung der bekanntesten Reispflanze“ [http://www.forschung-leben.ch/forschung-leben-de/assets/File/BioFokus/BioFokus61.pdf, Stand: 22.09.2014, 13:02]

Golden Rice Humanitarian Board (2006): “Golden Rice - nachhaltige Biofortifikation für Entwicklungsländer“ [http://www.goldenrice.org/PDFs/Golden_Rice_Flugblatt.pdf, Stand: 07.07.2014, 12:33]

Hoering, Uwe (2014): “Nach Goldenem Reis jetzt Orangener Mais“ [http://www.globe-spotting.de/golden-rice-and-orange-maize.html, Stand: 24.04.2014, 11:05]

Krause, Tanja; Planer, Jörg (2011): “Grüne Gentechnik - Chance oder Risiko“ [http://www.aid.de/landwirtschaft/agrogentechnik.php, Stand: 22.09.2014, 15:46]

Maurin, Jost (2014): “Reis ist billiger als Tabletten“ [http://www.taz.de/!142932/, Stand: 23.09.2014, 13:20]

Neumann, Philipp (2011): “Ganz Afrika könnte sich selbst ernähren“ [http://www.welt.de/politik/ausland/article13487206/Ganz-Afrika-koennte-sich-selbst- ernaehren.html, Stand: 24.09.2014, 14:02]

Schmitt, Thomas (2006): “Selbstmord-Serie: Tausend indische Bauern gehen in den Tod“ [http://www.spiegel.de/wirtschaft/selbstmord-serie-tausend-indische-bauern-gehen-in- den-tod-a-446922.html, Stand: 20.09.2014, 11:15]

Schülerinitiative für chemische Technik und Biologie (2012): “Goldener Reis“ [http://dechemax.de/Frage+3_+Goldener+Reis-p-122480.html, Stand: 22.09.2014, 19:25]

Schweizerische Arbeitsgruppe (2014): “Neue Propagandakampagne für den ‘Golden Rice‘“ [http://www.google.de/url?sa=t&rct=j&q=&esrc=s&source=web&cd=11&ved=0CCAQFjAAOAo&url=http%3A%2F%2Fwww.swissaid.ch%2Fsites%2Fdefault%2Ffiles%2FSAG_argumentarium_Golden_Rice.pdf&ei=cLoSVNqmNYKmO

4zPgJgB& usg=AFQjCNE3GHD-Nz45A3781aBYgjiQ86sFmQ, Stand: 19.09.2014, 13:24]

Sharma, Devinder (2014): "Landwirtschaft in der Krise. Indische Bauern kämpfen ums Überleben" [http://www.bpb.de/internationales/asien/indien/189174/landwirtschaft-in-der-krise, Stand: 28.09.2014, 10:12]

Slowfood Deutschland (o.J.): "Unterstützen Sie das Projekt 10.000 Obst- und Gemüsegärten für Afrika" [https://www.slowfood.de/projekte_und_aktionen/10000_gaerten_in_afrika/, Stand: 09.09.2014, 17:58]

Then, Christoph (2012): "Golden Rice - Golden Lies?" [http://foodwatch.de/foodwatch/content/e10/e1026/e49180/e49226/gen-, Stand: 30.05.2014, 13:40]

Tillich, Martin (2012): "In Afrika verhungern Kinder, was kann ich dafür?" [http://www.utopia.de/magazin/in-afrika-verhungern-kinder-was-kann-ich-dafuer-kosmopolitische-verantwortung-jean-ziegler, Stand: 20.09.2014, 16:30]

Transgen 1 (o.J.): "Reis" [http://www.transgen.de/lexikon_nutzpflanzen/45.reis.html, Stand: 12.06.2014, 15:20]

Transgen 2 (o.J.): "Reis" [http://www.transgen.de/datenbank/pflanzen/64.reis.html, Stand: 05.06.2014, 12:57]

Transgen 3 (o.J.): "*Golden Rice*: Mehr Vitamin A, weniger Augenerkrankungen" [http://www.transgen.de/pflanzenforschung/naehrstoffanreicherung/173.doku.html, Stand: 23.07.2014, 12:57]

Umweltinstitut München e.V. (2004): "Die falschen Thesen der Agro-Industrie: Gentech- Pflanzen erfüllen Erwartungen nicht" [http://www.umweltinstitut.org/archiv/archiv-gentechnik/fachinformationen/erwartungen-erfuellt.html, Stand: 21.09.2014, 12:34]

Universität Hohenheim (o.J.): "*Golden Rice:* Mehr Vitamin A, weniger Augenerkrankungen" [https://www.uni-hohenheim.de/wwwin140/vitamine/vitamin_a.htm, Stand: 22.06.2014, 14:03]

Universität Konstanz (o.J.): "Kriterien für die Evaluation von Internetseiten" [http://www.ub.uni-konstanz.de/fileadmin/Dateien/Informationskompetenz/Modulmaterial/Modul_6/6_evaluierung_internetseiten.pdf, Stand: 24.06.2008, 11:00]

World Food Programme (2014): "Hunger weltweit - Zahlen und Fakten" [http://de.wfp.org/hunger/hunger-statistik, Stand: 18.09.2014, 13:56]

Zimmermann, Dirk (2013): "'Golden Rice' und tote Kinder" [https://www.greenpeace.de/themen/landwirtschaft/gentechnik/golden-rice-und-tote-kinder, Stand: 22.09.2014, 15:46]

Zimmermann, Dirk (2014): "Mit bewährten Methoden gegen Vitamin A-Mangel. 'Goldener Reis'- eine gefährliche Illusion" [https://www.greenpeace.de/sites/www.greenpeace.de/files/publications /20140114- goldener-reis-fragen-antworten.pdf., Stand: 22.06.2014, 14:06]